DAS

KNUTSCH-KUGEL&CO

ALBUM

Einbandgestaltung: Anita Ament unter Verwendung des Titelbildes der Originalausgabe

Die Originalausgabe ist erschienen unter dem Titel
The Colour Bubblecars & Microcars Family Album

Die Übertragung ins Deutsche besorgte Jan Leek

ISBN 3-613-01805-5

1. Auflage 1997

Lektorat: Joachim Kuch
DTP: IPa, Vaihingen/Enz

Printed in Hong Kong

DAS KNUTSCHKUGEL & CO ALBUM

ANDREA & DAVID SPARROW

Motor
buch
Verlag

DANKE

Besten Dank an alle, die uns unterstützt haben, insbesondere:

Jade Bond, Sara Bloyce, Jean Hammond, Mike Webster, Sjoerd Ter Burg, Dick Boerstoel, danke dem Automuseum Trom in Rosmalen, Patrick Pellen, David Hamilton, Colin Archer, Ron Crawley, Lawrence House, Malcolm Thomas, Steve Dorman, Steve Hurn, Jose Zijerveld, Winfred Jones, Bob Parry, den Mitgliedern des Niederländischen Kleinwagen-Clubs DWAC. Ganz besonders herzlich wollen wir uns beim Brooklands Motor Museum bedanken.

An dieser Stelle sei auch noch Henk Kleinendorst, für den keine Mühe zu groß war und dessen Humor und Enthusiasmus nicht hoch genug eingeschätzt werden kann, ganz besonders gedankt.

INHALT

EINFÜHRUNG

In den Fahrberichten und Tests der fünfziger Jahre entwickelten die Motorjournalisten schon ganz exakte Vorstellungen dessen, was von einem Kleinstautomobil zu erwarten war:

»In Zeiten, in denen Benzin rar und teuer ist, kann sich ein neuer Kleinwagenentwurf zweifelsohne besonders positiv profilieren, sofern er drei Grundvoraussetzungen erfüllt: Er muß all das bieten, was ein größerer Wagen auch kann, insbesondere in Platz und Leistung, und er muß auch dann noch wirtschaftlich sein, wenn er im Alltagsbetrieb läuft.« (*Motor*, 1957)

»Immer wieder wurde darauf hingewiesen, daß sich hinter der Kleinstmotorisierung mehr verbergen muß als geschrumpfte Großwagen. Um dem Kleinstwagen wirklich zum Durchbruch zu verhelfen, müssen neue Wege beschritten werden, vor allem in bezug auf Gewicht und Radaufhängung.« (*Autocar*, 1956)

Nun, in Großbritannien war für Kleinwagen drei eine magische Zahl. Drei Räder nur durfte das Auto haben, dann waren die Steuern ähnlich niedrig wie bei Motorrädern und Gespannen. In Deutschland war der Hubraum entscheidend. Autos mit bis zu 250 Kubik durften noch mit dem alten Führerschein gefahren werden, man benötigte zumindest keinen neuen. Ob das Autochen nun mit drei- oder vier Rädern über die Straßen rollte, war also ziemlich egal. So kam es, daß beispielsweise die Isetten, die in den Export gingen, nur drei Räder hatten, dafür aber einen Motor mit 300 Kubik.

Überhaupt ist die Kleinwagenszene bunt gemischt, praktisch überall wurde versucht, mit diesen motorisierten Notbehelfen die Not der Nachkriegsjahre zu überwinden. Was in diesem Buch zu

sehen ist, kann nicht mehr als nur die Spitze des Eisbergs sein. Ebensowenig war daran gedacht, ein Lexikon von Marken und Modellen zu schaffen: Wir wollen die schönsten und skurrilsten Kleinstautomobile aus aller Welt in Bildern vorstellen, die ihnen gerecht werden.

Mit einem solchen Auto heute zu fahren, ist nichts für Schüchterne: Die Leute bleiben stehen, gucken, manchmal lachen sie – nichts, um anonym zu bleiben.

Einige der hier vorgestellten Wagen sind bestens bekannt, etwa der Kabinenroller von Messerschmitt (von dem hier übrigens lediglich die dreirädrigen Versionen vorrollen), die Isetta (nur die BMW-Versionen, nicht auch Velam oder Iso), oder die Kabine von Heinkel. Andere sind weniger bekannt: der doppelköpfige Zündapp Janus, der Velorex des heute vor allem für seine Seitenwagen bekannten tschechischen Herstellers, der Shelter aus den Niederlanden und der Peel Trident von der Isle of Man. Der Ladybird von BSA blieb ein Einzelstück.

Bei allem Schmunzeln sollte allerdings eines nicht vergessen werden: Als diese Konstruktionen in der Mitte des Zwanzigsten Jahrhunderts das Licht der Welt erblickten, ging in weiten Teilen Europas das Licht gerade erst wieder an. Sie begleiteten uns ein Stückchen auf dem Weg ins Wirtschaftswunder. Zollen wir ihnen Respekt – es sind die Träume von gestern, denen wir hier wieder begegnen.

Andrea Sparrow

1 HEINKEL & TROJAN

Die Firma Heinkel in Stuttgart kam, wie so viele andere Anbieter von Kleinstautomobilen, vom Flugzeugbau her. An die Fahrzeugproduktion hatte man sich 1953 gewagt, der berühmte Heinkel-Roller machte den Anfang. 1955 sah die Einführung der dreirädrigen Heinkel Kabine, ein der Isetta sehr ähnlicher Entwurf mit dem 174 Kubik-Einzylinder-Viertakt-Motor des Rollers. Im Gegensatz zur Isetta hatte die Kabine allerdings kein separates Chassis, sie war selbsttragend. Während das neue Kleinmobil, nicht zuletzt wegen der exakten Lenkung sehr gelobt wurde, hatte Ernst Heinkel ein Problem: In seinem Mobil bekam man nasse Füße. Er fragte seine Ingenieure, warum denn die Flugzeuge trocken gewesen wären. Ganz einfach, erwiderten seine Ingenieure: bei den Flugzeugen hätten sie Regenablauflöcher in den Cockpitboden gebohrt...

1956 erfolgte die Einführung eines größeren Motors mit 204 Kubik sowie hinterer Doppelbereifung anstelle des einzelnen Rades. Nach wie vor bot die Kabine zwei Erwachsenen und zwei Kindern im Fond Platz - kleine Kinder, denn die Kopffreiheit hinten war sehr eingeschränkt. Kritisiert wurde immer wieder auch die Sitzposition, der Fahrer rückte so nahe ans Lenkrad, daß sich bald Kreuzschmerzen einstellten. Die Fronttür war an der Seite angeschlagen, anders als bei der Isetta blieb die Lenksäule stehen, war also nicht mit der Tür beweglich. Quer zur Fahrtrichtung am Randstein zu parken, bei anderen Minis möglich, machte bei der Kabine wenig Sinn, denn das Fahrzeug war deutlich länger als ein normales Auto breit und ragte deswegen zu weit auf die Fahrbahn. In der Regel war der Heinkel sehr leicht zu fahren, bergab allerdings auf schlechten Fahrbahnen konnte es einem schon mulmig werden.

Wer heute damit fährt, wird zunächst vom unglaublichen Lärm gepeinigt, wer dennoch durchhält, wird durchgeschüttelt, bis sich die Zahnfüllungen lösen. Die Plexiglas-Konstruktion des Daches Kabine verstärkt noch das Motorengeräusch. Mit geöff-

Unten: Das originale Heinkel-Logo, das die deutsche Kabine schmückte, wich einem ähnlichen, durch ein zusätzliches »J«, ergänztes Emblem, als die Lizenzfertigung in Nordirland anlief. Als Trojan in Croydon, England, mit der Produktion begann, erinnerte nichts mehr an das ursprüngliche Markenzeichen.

Deutsche Heinkel-Kabinen hatten ab 1956 zwei Hinterräder serienmäßig; die Höchstgeschwindigkeit war mit etwa 85 km/h gleich geblieben.

netem Dach wird es gleich leiser, möglicherweise wird der Motor auch nur von den Windgeräuschen überdeckt...

Seinerzeit galt die Heinkel-Kabine als das schönste aller Kleinstmobile. Sie hatte ansprechende Formen und präsentierte sich der Welt stets mit einem fröhlichen Gesicht. Außerdem war sie sehr praktisch und zuverlässig. Wie so viele andere Knutschkugeln auch, verhalf die Suez-Krise der Kabine zu einiger Popularität, denn der Heinkel war sparsam. Als 1956 in Großbritannien der Sprit rationiert wurde, gingen nahezu alle Kabinen über den Ärmelkanal.

Heinkel produzierte ausschließlich Kabinen mit Linkslenkung; 1958 erwarb die nordirische Firma Dundalk die Lizenzrechte - auch nur für Linkslenker. In Argentinien entstanden ebenfalls einige Kabinen.

1962 lancierte die britische Trojan Company in Croydon, England, die Kabine als »Trojan 200«, insgesamt brachte sie 6000 Trojans (links- und rechtsgesteuert) auf die Straßen. Darüber hinaus gab es eine seltene Lieferwagen-Version (nur rechtsgelenkt) mit Stahlaufbau und Fiberglas-Top. Einige Trojans verirrten sich in den Export, und die hatten dann vier Räder: Wie die originale Heinkel-Kabine mit sehr eng stehende Hinterräder.

Nächste Seite: Die Heinkel-Kabine in Cabrio-Version entstand in Nordirland; daneben ein Trojan in der gleichen Farbe.

Der Innenraum schwelgt zwar nicht gerade im Luxus, doch wirkt er keineswegs spartanisch: irgendwie heiter, vergleichsweise komplett und auf jeden Fall sehr geräumig in Anbetracht des Radstands von gerade mal 1,76 Meter.

852 CLN

WSU 816

Das Cabriolet bot nur zwei Erwachsenen Raum, auf Rücksitze wurde verzichtet. Deswegen fällt das Platzangebot vergleichsweise großzügig aus. Bei diesem toprestaurierten Cabriolet ist das Verdeck natürlich nicht mehr original, damals wurde kein Sonnenland-Verdeckstoff verwendet. Ohne Zweifel ein Auto für alle Jahreszeiten.

GB
852
CLN

WSU 816

WSU 816

Vorstehende Seiten: Da die Lenksäule, anders als etwa bei der Isetta, nicht an der Tür befestigt war, machte die Umrüstung auf Rechtslenkung keine großen Schwierigkeiten. Doch egal wo nun die Lenksäule steht: Die Kabine wog nicht mehr als 245 Kilogramm, 230 Kilo durften noch zugeladen werden.

Isetta und Heinkel/Trojan lassen sich am einfachsten an den Scheinwerfern unterscheiden: Bei der Isetta sind sie aufgesetzt, beim Heinkel integriert. Kein Wunder also, daß viele Kleinwagen-Enthusiasten die Kabine für das schönste aller Minimobile halten.

GF-49-05
HV-69-66

Vorstehende Seiten: Das kleine Cabriolet ist ein echter Europäer: Das Urkonzept stammt aus Italien, Heinkel in Deutschland modifizierte es; die offene Version wurde ausschließlich in Nordirland gebaut – und für dieses Buch in England abgelichtet.

Im Zeichen des Ovals: Diese Scheibe könnte genausogut in einem Kleinwagen der 90er Jahre zu finden sein.

2 JANUS

Der Janus sieht, zumindest auf den ersten Blick, von vorn so aus wie von hinten. Oder von hinten so wie von vorn: Tatsächlich sind Front- und Heckpartie symmetrisch, jeweils mit einer Tür versehen. Vorne ist, wo die großen runden Scheinwerfer blinzeln und die Radausschnitte höher sind.

Das Wägelchen bietet vier Personen Platz, die auf zwei Sitzbänken untergebracht werden. Im Janus sitzt man Rücken an Rücken, Fahrer und Beifahrer gucken nach vorn, die Fondpassagiere halten den rückwärtigen Verkehr im Auge. Gepäck können sie auch mitnehmen, Netze in den bauchigen Türen und ein schmaler Schacht zwischen den Sitzbänken fassen das Notwendigste, außerdem kann die zweite Sitzbank ausgebaut werden. Die Sitze lassen sich sogar umklappen, so daß eine gemütliche Liegewiese für zwei entsteht. Allerdings empfiehlt sich das nur für Personen, die nicht gerade Gardemaß aufweisen...

Die Türen schwingen weit auf und ermöglichen einen bequemen Einstieg, Haltegriffe an Front und Heck erleichtern das noch zusätzlich.

Für den Vortrieb sorgt ein Einzylinder-Zweitaktmotor mit 250 Kubik; Zündapp plazierte ihn (dieser Motor beflügelte übrigens auch den Bella-Roller) rechts in der Mitte zwischen den beiden Achsen - ein echter Mittelmotorwagen also. Das Getriebe stellte eine Neukonstruktion dar, die das Nürnberger Unternehmen mit Getrag entwickelt hatte; alle Zahnräder befanden sich in konstantem Eingriff. Das neue Ziehkeilgetriebe benötigte nur wenig Platz, konnte aber mit vier Vorwärtsgängen und einem Rückwärtsgang aufwarten. Wie die Heinkel-Kabine verzichtete auch der Zündapp Janus auf ein separates Chassis, die Konstruktion war also selbsttragend.

Seinen Namen erhielt die ungewöhnliche Kleinwagen-Kreation aus der römischen Mythologie: der römische Gott Janus, der Bewahrer der Türschwellen, hatte ebenfalls zwei Gesichter, die in entgegengesetzte Richtung blickten. Schließlich hat auch eine Tür zwei Seiten, und der Januar, der ihm ebenfalls seinen Namen verdankt, öffnet ja

Sieht beinahe erwachsen aus: Dennoch ist der Janus ein echter Kleinwagen, mißt von Stoßstange zu Stoßstange nicht mehr als 2,86 Meter. Wie die Isetta und die Heinkel-Kabine erklimmt man den Zündapp über eine große Fronttür – oder die nicht minder große Luke im Heck. Die Rücksitzbank kann komplett entfernt werden, dann läßt sich ordentlich was verstauen. Ein Pressefoto von damals zeigt einen Janus, der einen riesigen Kühlschrank transportiert. Platz ist in der kleinsten Hütte...

auch ein neues Jahr - und blickt zurück auf das alte.

Der Janus war eine Schöpfung des ehemaligen Flugzeugkonstrukteurs Claudius Dornier und basierte auf dem Dornier Delta, war aber viel runder, irgendwie knuffiger als sein Vorgänger. Gebaut wurde er von Zündapp in Nürnberg.

Unfreiwillig komisch die Sache mit dem Janus-Schriftzug: Mit Schwung geschrieben, gegossen und verchromt, ist der Anfangsbuchstabe, das »J«, nur über einen dünnen Steg mit dem gut befestigten Rest des Logos verbunden. Allzueifriges Polieren oder einfach Rost ließen in mehr als einem Fall das »J« irgendwann abfallen. Zurück blieb ein ziemlich unglücklicher neuer Name...Für die letzten sechs Baumonate wurde der Schriftzug dann aufgemalt.

Der Janus agiert überraschend lebhaft, hat gute Fahr- und Abrolleigenschaften. Das

Handling geht in Ordnung, kein Wunder, sorgt doch die Mittelmotorbauweise für eine nahezu ideale Achslastverteilung. Die Höchstgeschwindigkeit betrug 80 km/h, der Verbrauch lag bei sechs Litern Zweitakt-Gemisch auf 100 Kilometer.

Leider blieb der Janus kaum mehr als ein Jahr in Produktion, sie endete im Oktober 1958, knapp 7000 Autos wurden gebaut. Als dreißig Jahre später Zündapp seine Pforten schloß, fand sich in einem vergessenen Winkel des Gebäudes ein brandneuer, nie verkaufter Wagen, der die Fabrik nie verlassen hatte. »Wie neu« steht er nun im Berliner Museum für Technik und Verkehr.

Bei einfarbig lackiertem Aufbau wird die Symmetrie der Konstruktion noch augenfälliger, besonders aus dieser Perspektive. Wo vorne und wo hinten ist, verrät ein Blick auf die Radhäuser (ausgeschnitten vorn, heruntergezogen hinten) oder auf die Scheinwerfer.

EN-JN 250

Besonders üppig war die Basisinstrumentierungnicht. Innenraum-Thermometer und Kilometerzähler haften per Magnet. Der VDO-Temperaturmesser bewahrte vor Unheil durch Hitzewallungen.

Der Motor, ein Motorrad-Aggregat, verbirgt sich unter einer Klappe zwischen den Sitzen.

3

ISETTA

Bei vielen Knutschkugeln steht am Anfang ein Flugzeug, bei der Isetta, dem Inbegriff der Knutschkugel überhaupt, stehen Kühlschränke. Rennzo Rivolta, der Fabrikant aus Mailand, beschloß 1953, seine Produktion umzustellen und sattelte um auf Kleinwagen. Er nannte seine Kreation Isetta, was so viel bedeutete wie »Kleiner Iso«. Dieses Autochen verhalf den Kleinstwagen zum Durchbruch, und tatsächlich denken die meisten Menschen, wenn die Rede auf diese Fahrzeuggattung kommt, zunächst einmal an diesen Wagen.

1955 erwarben die Bayerischen Motorenwerke von Rivolta die Rechte an der Konstruktion. BMW hatte damals entweder Motorräder oder schlecht verkäufliche Nobelkarossen im Programm, die Isetta verhieß gute Absatzchancen. Die Münchner verfeinerten die Konstruktion, ersetzten den von Iso entwickelten Einzylinder-Zweitakter durch ein modifiziertes Viertaktaggregat, einen luftgekühlten Einzylinder mit 247 Kubik, der rechts vor der Hinterachse plaziert war. Die Leistung wurde per Getriebe und vollgekapselter Kette übertragen. BMW überarbeitete auch die Radaufhängung. Der Ganzstahlaufbau saß auf einem Rohrrahmen-Chassis, die beiden Hinterräder standen gerade mal 48 Zentimeter auseinander. So ging die Isetta auch in den Export.

Die Exportmodelle gelangten 1956 in den Genuß eines größeren Motors, was diesen Modellen zur Typbezeichnung »300« verhalf. Abgesehen davon gab es auch leichte Karosserieretuschen, vielleicht am auffälligsten die geänderten seitlichen Schiebefenster. Die Isetta war jetzt auch in Zweifarblackierung mit Chromleiste lieferbar.

Die nach vorn öffnende Tür war damals, als der Wagen präsentiert wurde, eine Neuheit. Aber eine sehr praktische. Lenksäule und Instrumententräger schwenkten mit der Tür nach außen, so daß der Innenraum leicht zugänglich war. Fahrer und Beifahrer konnten mitfahren, oder ein Fahrer mit zwei Kindern, und Platz für das Gepäck gab es außerdem noch. Und mit welchem Auto

CABALLERO
CABALLERO

Daß BMW die Rechte an der Isetta, dem »kleinen Iso« erwarb, rettete die bayerischen Autobauer letztendlich vor dem Aus. Bei dem hier abgebildeten Exemplar handelte es sich um eine Vierrad-Isetta mit Zwillingsrädern und 300 Kubik-Motor. Dieses für die Niederlande bestimmte Exportmodell trägt die originale Zweifarb-Lackierung.

kann man schon quer zum Randstein parken und dann von dort aus direkt den Bürgersteig betreten? Ein britischer Autotester vergaß nicht darauf hinzuweisen, daß der Wagen nicht zuletzt deswegen in vielen Gartenhäuschen Platz finden könne.

Das kleine Auto erfreute sich rasch großer Beliebtheit und wurde letztendlich zu einem jener Wagen, die dem angeschlagenen Münchner Unternehmen das Überleben sicherten. Obwohl in Konstruktion und Optik seinerzeit ein Wagnis, fand die Isetta viele Freunde, rund 160 000 Isetten wurden gebaut. Und das Erzeugnis aus dem Hause BMW war nicht wie so viele andere Konkurrenten damals eine unzulängliche Notlösung für Menschen, die sich keinen richtigen Wagen leisten konnten: Die Isetta war ein vollwertiges Auto, wenn auch ein kleines: ausgereift, gut verarbeitet, mit vernünftigen Scheinwerfern und ausgezeichneten Scheibenwischern - was damals selbst bei viel teureren Wagen keine Selbstverständlichkeit war.

1957 erschien mit dem BMW 600 eine Isetta, die vier Personen Platz bot, der über eine zusätzliche einzelne Tür an der rechten Seite genutzt werden konnte.

Nicht nur BMW baute die Isetta, auch in Frankreich (Vélam), Brasilien (Romi) und England lief die Isetta vom Band.

Die britischen Isetten entstanden in Brighton in einem ehemaligen Lokomotivwerk, was den Vorteil hatte, daß die dort gebauten Kleinwagen per Bahn abtransportiert werden konnten. Das britische Programm war ehrgeizig: Vierrad-Varianten mit Links- und Rechtslenkung, entsprechend auch mit drei Rädern, US-Exportversionen, Tropenausführung, Cabriolet und Kleinlieferwagen - die deutsche Palette war nicht so vielfältig. Vielleicht am wichtigsten wurde die dreirädrige Limousine mit Rechtslenkung, völlig auf den britischen Markt zugeschnitten, einerseits, weil Dreiräder mit einem Motorradführerschein bewegt werden durften, andererseits, weil die Steuern erheblich niedriger waren als bei vier Rädern. Den Wegfall des vierten Rades und die unglückliche Gewichtsverteilung des rechtsgelenkten Mobils (Motor rechts, Fahrer rechts) sollte durch ein zehn Kilo schweres Ballaststück links hinter der Seitenverkleidung kompensiert werden. Die Tür war rechts angeschlagen, der Schließgriff saß links. Die Elektrik stammte von Lucas, nicht von Hella, was geringfügig geänderte Scheinwerfergehäuse erforderte. Insgesamt wurden rund 30 000 Brighton-Isetten gefertigt, die Herstellung endete im Spätjahr 1964.

Die französische Isetta war schon 1958 wieder verschwunden. Sie hatte sich nicht durchsetzen können, ebensowenig übrigens wie die in Brasilien bei Romi gebaute, letztere übrigens ab 1959 mit BMW-Motor anstelle des Einzylinder-Zweitakters italienischer Provenienz.

Doch für alle galt, was die britische Zeitschrift *Motor* in ihrem Testbericht schrieb: »Sie fährt überall hin, wo man will, und macht alles mit, und die Art und Weise, wie sie das tut, ist für viele Menschen recht kurzweilig«.

Nun, kurzweilig ist vielleicht nicht ganz der richtige Ausdruck für das, was zwei ganz besondere Isetten erlebten: Sie dienten dazu, Flüchtlinge über die Zonengrenze zu schmuggeln. Weil die Isetta so klein war, ließen sie die DDR-Zöllner jedesmal anstandslos passieren: Undenkbar, daß sich da ein blinder Passagier an Bord befand. War es aber doch: Die beiden Wägelchen waren so umgebaut worden, daß ein blinder Passagier im Maschinenabteil untergebracht werden konnte. Dazu hatte man Zündung und Heizkanäle verlegt, die Abgasanlage anders geführt, die Heckkotflügel abgeändert und einen Holzkasten mit Metallgerippe eingezogen. Eine dieser Isetten brachte sechs Flüchtlinge in den Westen, die andere drei. Bei der vierten Fahrt wurde die Isetta bei der Ausreise einer Kontrolle unterzogen. Und während die Zöllner noch die Papiere kontrollierten, fiel den Grenzern auf, daß das Auto sich bewegte. Die Isetta wurde zur Seite genommen und gefilzt, Fahrer und Passagier wanderten in den Knast. Die verbliebene Isetta ist heute im Checkpoint Charlie Museum in Berlin ausgestellt, kurioses Überbleibsel einer gar nicht so komischen Zeit.

448 BFD

Die Optik des BMW-Schriftzuges änderte sich im Laufe der Modellgeschichte beträchtlich...

Zwei der in Brighton gebauten Isetten, links mit drei Rädern, rechts für den Export mit vier Rädern. Aber immer mit Rechtslenkung!

...auch das BMW-Logo änderte sich, wenngleich weniger dramatisch: Was zuvor noch goldfarben war, glänzte später silbern.

Nächste Doppelseite: Viele der in Brighton gebauten Isetten wurden mit diesen verchromten Schutzbügeln ausgestattet: Die Stoßfänger wurden ihren Aufgaben allerdings nur unvollständig gerecht, da das oebere Ende der Chrombügel fest mit den Kotflügeln verschraubt war. Eine Kollision führte so nahezu zwangsläufig zu Blechschäden. Wenigstens blieb die Tür heil...

YUO 849

Links & rechts: Detailstudien. Beide Isetten entstanden in Brighton. Anstelle der Bosch-Elektrik fanden bei diesen Rollermobilen Lucas-Komponenten Verwendung.

Die Produktion in Brighton endete im September 1964

UYU 876

Im britischen Isetta-Programm gab es jede Menge Versionen: links- und rechtsgelenkte, mit drei und vier Rädern, als Tropen- und US-Version, als Cabrio und Pickup. Hier eine Standard-Brighton-Isetta mit doppeltem Scheibenwischer; in den Genuß dieses Luxus kamen deutsche Käufer zunächst nicht, zwei Wischer waren den Export-Modellen vorbehalten.

Ein »Froschauge«, diesmal nicht von Austin-Healey.

Der Besitz eines klassischen Automobils ist alles andere als ein Kinderspiel. Originalteile sind rar und teuer. Wer schlau ist, kauft, wenn etwas angeboten ist, und nicht erst, wenn etwas kaputtgeht. Das mag natürlich Platzprobleme mit sich bringen, Isetta-Eigner sind da Kummer gewöhnt, denn sehr geräumig ist ihr Vehikel nicht. Zur Lösung allfälliger Platzprobleme bot BMW einen verchromten Heckträger für den Transport von Picknick-Koffern ebenso geeignet wie für das Mitführen von Ersatzteilen und Werkzeugen.

Die Isetta hatte einen Ruf zu verlieren, Verarbeitung und Qualität waren über jeden Zweifel erhaben.

Customer contacts
ISETTA OWNERS CLUB
OF GREAT BRITAIN

Diese liebevoll restaurierte Isetta wurde mit zeitgenössischem Zubehör veredelt, neben den Lampenschirmen und dem Heckträger sind es vor allem die Weißwand-Reifen, die diesem Exemplar den letzten Schliff verleihen. Das Angebot an originalem BMW-Zubehör war reichhaltig. Die obligatorische Heizung war Serie, kostete aber 45 Mark extra, deutlich günstiger kam ein Außenspiegel (DM 5,20), der abschließbare Tankdeckel (DM 8,80) oder die verchromte Auspuffblende (DM 4,80). Ebenfalls im Angebot: der Aschenbecher, nur zehn Pfennige teurer als ein Außenspiegel.

Central line
Customer contacts

Bei geöffneter Tür schwenkt die Lenksäule mit nach außen und erlaubt den bequemen Einstieg. Überhaupt bietet die Isetta Fahrer und Beifahrer überraschend viel Beinfreiheit, kein Wunder: Die Sitzbank ist 118 Zentimeter breit und der Abstand zur Fronttür beträgt üppige 70 Zentimeter. Geschaltet wird mit der linken Hand, die Gänge wollen allerdings mit Nachdruck eingelegt werden.

BMW verwendete den 250er Einzylinder-Viertaktmotor aus der R 25/3 und versah diesen mit einer Gebläsekühlung. Er leistete 12 PS, gut für 85 km/h.

4 LADYBIRD

1960 war Edward Turner bei BSA für die Automobilsparte verantwortlich, und er suchte nach einer Möglichkeit, die Vorherrschaft der deutschen Kleinstwagen zu brechen - und, natürlich, der einheimischen Konkurrenz ein Schnippchen zu schlagen. Den Motor hatte er schon: ein Motorradaggregat mit 250 Kubik, das in der BSA Sunbeam und im Tigress-Roller von Triumph Verwendung fand. Abgesehen davon gehörte der Motor auch in eine frontgetriebene Milchpumpe. Turner wollte für seine Konstruktion auf die Radaufhängung und Kraftübertragung des Rollers zurückgreifen.

Der erste Prototyp hatte Rahmen und Fahrgestell aus Stahlrohr, darüber wölbten sich handgetriebene Stahlbleche; der Rahmen war bei Ben Johnson von Carbodies Ltd entstanden, einer BSA-Tochter. Innerhalb von neun Wochen auf die Räder gestellt, war der Mini Ende September 1960 fertig. Und er konnte sich wirklich sehen lassen: Wunderbar weich geschwungen, mit herrlichen Rundungen – erstaunlich, daß das in Handarbeit so hinzukriegen gewesen war. Unglücklicherweise taugte die Form nicht für eine Großserienfertigung, sie wäre viel zu teuer gekommen. Also erhielt Carbodies den Auftrag, einen zweiten Prototypen zu schaffen, der leichter in Serie zu fertigen war. Dieser zweite Wagen – mit Hardtop – war zwei Jahre später fertig und kam gerade recht, um den Niedergang der Kleinstmotorisierung zu erleben: Sir Alec Issigonis' Mini bot alles, was die ganz Kleinen auch boten und noch eine ganze Menge mehr. Und das zu günstigeren Preisen.

Abgesehen davon liefen bei BSA die letzten Roller vom Band (die ja den Antrieb hätten liefern sollen) und Mister Turner erreichte die Altersgrenze. Dieses Kapitel, eigentlich nicht mehr als eine Fußnote in der Automobilgeschichte, kam zu einem raschen Ende.

Die beiden Prototypen standen noch jahrelang herum und setzten Spinnweben an. Die mutmaßliche Nummer eins ging irgendwann in die USA, wurde restauriert und sah 1991 die Heimat wieder.

Der Ladybird (»Marienkäfer«) sah wirklich gut aus, war aber in der Herstellung zu teuer. Seine wohlgeformten Rundungen machten ihn zu einer Skulptur, nicht zu einem Gebrauchsgegenstand.

Das BSA-Emblem, oberhalb der Kennzeichenleuchte, schmückte in der Regel Motorräder. Ursprünglich war BSA ein Waffenhersteller.

Auch vorn fand sich das BSA-Emblem mit den drei Gewehren.

Ewig schade, daß dieses putzige Käferchen nie in Serienfertigung ging. Ganze Schwärme von Marienkäfern – das wäre ein Bild gewesen!

Prototyp zwei kam nach Folkstone und verschwand von der Bildfläche.

Unsere Bilder zeigen die Nummer eins, einen Kleinwagen mit Einzelradaufhängung und motorradähnlicher Lenkstange. Unter der Heckklappe verbergen sich Motor und Tank. Gestartet wurde elektrisch, der entsprechende Zugschalter befand sich am Wagenboden. Doch gab es auch die Möglichkeit, den Wagen per Hand anzuwerfen.

Die Bremsen wirkten auf alle drei Räder. Blinker oder Winker galten als überflüssiger Luxus, ebenso Scheibenwischer. Die Bezeichnung »Ladybird« (Marienkäfer) war keine offizielle Werksbezeichnung, doch der Spitzname war so eingängig, daß er haften blieb.

Dieses Dreirad (das steuerrechtlich als Motorrad mit Beiwagen und nicht als Auto galt) sollte der Motorradfirma BSA neue Märkte erschließen. Der 250er Roller-Motor saß zwischen Sitz und Hinterrad.

Die Kraftübertragung einschließlich des Ganghebels wurde direkt vom Sunbeam-Roller übernommen. Der Starterknopf sitzt im Fußraum. Die anderen Bedienungshebel zu Füßen des Fahrers: Notschalter, Ganghebel und Handbremse.

Vorangegangene Seiten: Die Kosten der Prototypenherstellung müssen enorm gewesen sein, doch sollte das Marienkäferchen bei seiner Vorstellung 1962 konkurrenzlose 283 Pfund kosten, je nach Ausstattung um bis zu 50 Pfund weniger als die Brighton-Isetta.

5 MESSERSCHMITT

An der Geschichte, daß der Messerschmitt Kabinenroller nur gebaut wurde, um Restbestände aus der Flugzeugproduktion aufzubrauchen, die den Krieg überlebt hatten, ist kein wahres Wort. Ganz im Gegenteil: Nichts hätte Fritz Fend mehr gefreut, als einmal aus dem vollen schöpfen zu können. Egal von was. Sein ganzes Leben als Fahrzeug-Konstrukteur war bestimmt von der Notwendigkeit, sich nach der Decke strecken zu müssen. Nie hatte er genug Material zur Verfügung.

Während des Krieges hatte Fritz Fend beim bayerischen Flugzeugbauer Messerschmitt gearbeitet und war dort, unter anderem, in die Entwicklung des ersten deutschen Düsenjägers involviert. Die Idee, eine ganz neue, andere Art von Fahrzeug zu bauen, kam ihm kurz nachdem er ins heimatliche Rosenheim zurückgekehrt war. Er übernahm dort die Geschäfte seines Vaters. Zunächst machte er sich an die Konstruktion eines pedalgetriebenen Dreirades mit Dach, in dem er eine neuartige Gangschaltung erprobte. Da er sich auf diesem Gebiet nicht besonders auskannte und ihm auch keine Unterlagen darüber, aus welcher Quelle auch immer, zur Verfügung standen, führte er höchstpersönlich aufwendige Tests durch. Er suchte sich eine bestimmte Treppenflucht und rannte sie hoch, immer wieder, wobei er verschiedene Gewichte trug. Manchmal nahm er nur eine Stufe (was dann einer niederen Übersetzung entsprach), im höheren Gang dann zwei oder gar drei Stufen auf einmal. Dadurch wurde er nicht nur ziemlich fit, sondern gewann auch Aufschluß darüber, wie sein Dreirad sich am Berg verhalten würde. Dann machte er sich daran, ein Versuchsmodell zu erstellen, doch unglücklicherweise waren sowohl Material als auch geeignete Werkzeugmaschinen damals kaum aufzutreiben. Also mottete er seine Idee erst einmal ein und konzentrierte sich darauf, in dieser schwierigen Nachkriegszeit den Familienbetrieb über Wasser zu halten.

Im April 1947 erhielt Fend Besuch von einem alten Kriegskameraden, der beide Beine verloren hatte und sich

Messerschmitt

Links: Die Plexiglas-Kuppel des Kabinenrollers (hier ein KR 175) sorgte nicht nur für Aufsehen, sondern auch für spöttische Kommentare wie »Menschen in Aspik« oder »Käseglocke«. Dieser frühe Messerschmitt hat noch vorn die flache Scheibe, ebenso das originale Emblem auf der Haube.

mit Hilfe eines kleinen Rollwägelchens voranbewegte. Wenn, so kalkulierte Fend, er hier ein vernünftiges Fortbewegungsmittel auf die Räder stellen könnte, würde sich möglicherweise der Versehrtenverband entsprechend dafür interessieren, und dann wäre die lästige Materialfrage ein für allemal geklärt. Also ging der junge Ingenieur daran, seine dreirädrige Eigenkonstruktion auf Handbetrieb umzurüsten. Der Passagier saß in der Mitte und konnte sich nach dem Holländer-System fortbewgen, das heißt durch wechselweises Schieben und Ziehen des vorn angebrachten Hebels. Fends Rechnung ging auf, die Organisation der Kriegsinvaliden orderte gleich fünfzig Stück des neuen Behindertendreirades. Allerdings war das, was er dafür erhielt, äußerst wenig, so blieb nahezu nichts bei ihm hängen. An eine Produktionsausweitung war, mangels Masse, nicht zu denken.

Fend ließ sich nicht entmutigen, entwickelte bald darauf ein Dreirad mit Wetterschutz. Das erste Baulos ging wieder an den Behindertenverband; das und die Unterstützung des Arbeitsministeriums in München ermöglichten dem

Unter dem Kraftstofftank sitzt der Fichtel & Sachs-Motor, in dem Fall mit 175 Kubik. Die Zusammenarbeit mit den Schweinfurter Motorenherstellern sollte für das Projekt sehr wichtig werden.

Nächste Seite: Der flugzeugartige Doppelsitz war nun wirklich nicht jedermanns Sache, nicht zuletzt weil der Fahrer »zwischen den gespreizten Beinen seiner Begleiterin hockte – nicht gerade nach der Art eines Herrnfahrers« (Fritz B. Busch). Der um den Lenker geschwungene Lederriemen verhindert, daß die Haube zu weit aufklappt.

Messerschmitt

Messerschmitt
SHG-LL 2

Links: Die letzten KR 175 erhielten die neue Windschutzscheibe im Panorama-Stil. Die späteren KR 200-Modelle waren samt und sonders damit ausgestattet.

»Federung« bedeutete im Falle des KR 175 eine große Spiralfeder unterhalb des Sitzes...

Dem Ärger mit Mercedes folgte der Ärger mit Krupp: Auf Einspruch der Untertürkheimer verschwand der stilisierte Vogel aus dem Emblem, stattdessen kamen drei Ringe, die die Initialen umschlossen. Nun allerdings protestierte Krupp, so wurden aus den Ringen Rauten. Jetzt endlich gab es keine Reklamationen mehr.

Ein Kabinenroller, Typ KR 200, mit der neuen Haube und den neuen Kotflügeln. Andere Modifikationen stachen weniger ins Auge.

MU-60-31

ideenreichen jungen Mann letztlich doch noch so etwas wie eine Serienfertigung mit qualitativ besserem Material.

Als nach der Währungsreform 1948 die ersten Fahrradhilfsmotoren auf den Markt gelangten, verpflanzte Fend ein solches Aggregat mit 35 Kubik in das Heck seines »Flitzers«, wie das Dreirad offiziell hieß. Bei ersten Tests ging er damit erstaunliche 40 km/h. Radaufhängung und Lenkung mußten bei solchen Geschwindigkeiten noch einmal überdacht werden. Sein nächster Testwagen war mit einem 100 Kubik-Motor von Fichtel und Sachs bestückt - der Grundstein für eine lang andauernde Geschäftsbeziehung war gelegt. Die Fahrräder des Protoyps zeigten sich bald restlos überfordert, doch Autoräder waren zu groß und zu schwer. Fends erster Schritt bestand darin, die vorderen beiden Räder durch solche von Schubkarren zu ersetzen, hinten blieb es beim einzelnen Fahrrad-Rad. Verschiedene Versuchstypen folgten, manche so spartanisch ausgestattet, daß selbst auf Bremsen verzichtet worden war. Wer bremsen wollte, mußte in so einem Fall die Zündung unterbrechen, eine im wahrsten Sinne des Wortes vorausschauende Fahrweise war mehr als angeraten...

Langsam machte sein Flitzer-Projekt Fortschritte, so etwa als es Fend gelang, die Reifenbäcker von Dunlop zu überreden, für seine Vehikel entsprechende Reifen zu produzieren, die dann mit dazu beitrugen, die Kabinenroller zu den schnellsten unter den damals gebauten Kleinwagen zu machen. Fend produzierte damals – im April 1949 hatte er seine Konstruktion erstmals der Öffentlichkeit auf der Technischen Messe in Frankfurt präsentiert – zehn Wagen im Monat, mehr war nicht drin. Er suchte und fand Geldgeber, doch die neuen Partner harmonierten nicht besonders gut. Fend erledigte einen Großteil der Arbeit, doch die Erträge schienen immer zuerst in die Taschen des Partners zu wandern. Ein geschäftliches und personelles Desaster bahnte sich an. Glücklicherweise hörte Fend auf einen guten Rat und wandte sich an jemanden, mit dem er schon

Der Motor des KR 200.

während des Krieges zusammengearbeitet hatte, jemand, der sich von seinen Ideen und seinem Innovationsreichtum schon damals tief beeindruckt gezeigt hatte: Professor Willy Messerschmitt.

Die Nachkriegszeit war für Messerschmitt nicht besonders rosig: Zuletzt eines der größten deutschen Flugzeugwerke, war nach der Kapitulation an Flugzeuge nicht zu denken. Die Regensburger hielten sich mit Reparaturaufträgen über Wasser. Logisch, daß Professor Messerschmitt mit Argusaugen nach neuen Projekten und Ideen suchte, um seine halbleeren Regensburger Hallen – so sie denn noch standen – zu füllen.

Der Professor und der junge Ingenieur setzten sich zunächst einmal zusammen und sprachen über das Auto, das sie gemeinsam auf die Räder stellen wollten. Drei Räder würde es haben und zwei Personen Platz bieten, wobei der Beifahrer hinter dem Fahrer sitzen würde – wie beim Motorrad. Anstelle von Türen gab es eine große Plexiglaskanzel, die rechts zur Seite geklappt werden konnte – wie bei den Messerschmitt-Jägern der Kriegszeit. Für den Vortrieb sollte ein 150 Kubik großer Einzylinder von Fichtel und Sachs dienen. Die Partnerschaft wurde 1952 besiegelt, im Sommer fuhr ein erster Prototyp. Der Fend Kabinenroller FK 150 sollte im März 1953 ausgeliefert werden und stand auf dem Genfer Salon, dann als FK 175 mit 9 PS starkem Einzylinder und einer Höchstgeschwindigkeit von 75 km/h.

Presse und Publikum interessierten sich gleichermaßen für die Neukonstruktion, auch wenn die Sitzanordnung und die Kabinenlösung höchst ungewöhnlich ausfiel: »Menschen in Aspik«, wie die Spötter sagten.

Abgesehen von der unge-

Oben und nächste Seite: Eines der extrem seltenen KR 200 Cabriolets. Gut zu sehen: der motorradartige Lenker des Gefährts. Nächste Seite oben links: Detailstudie des vorderen Blinkers.

Messerschmitt

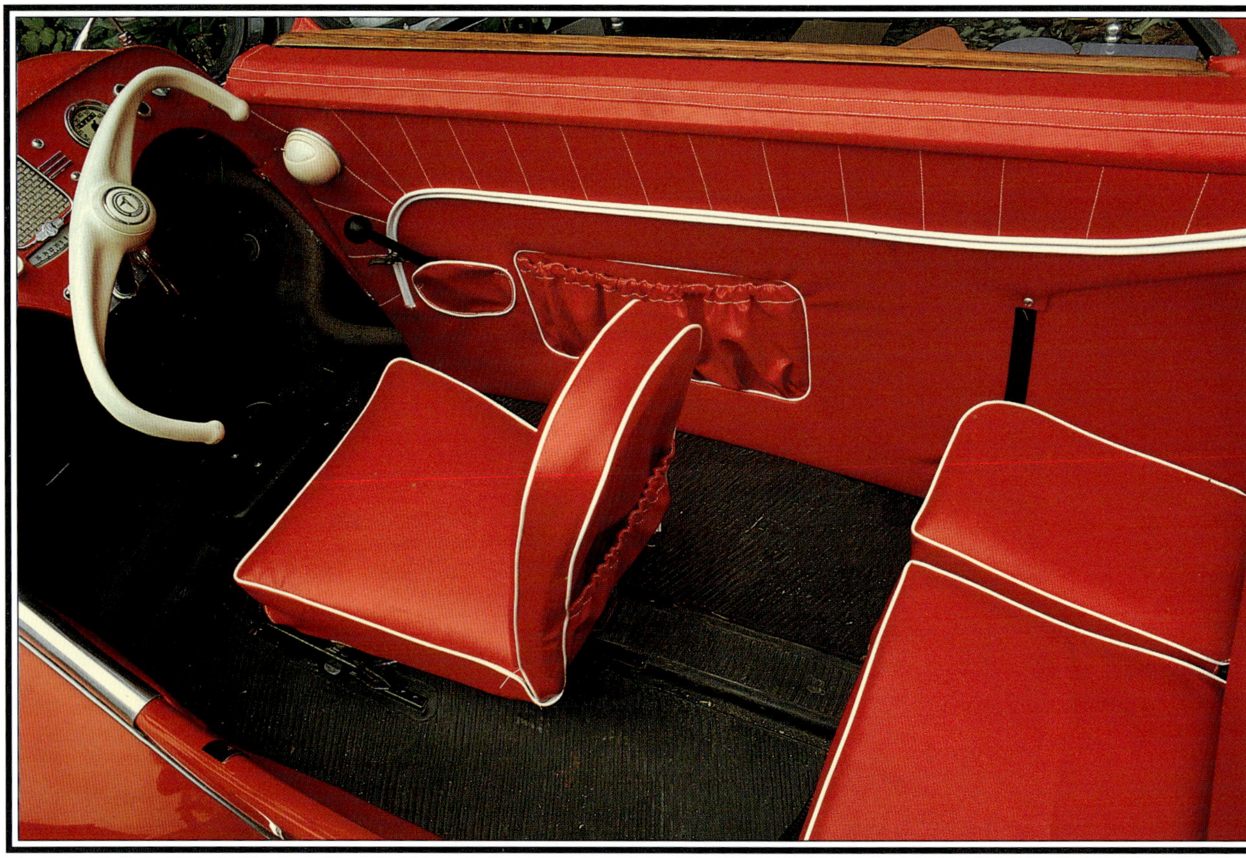

Das Intererieur dieses Kabinenrollers präsentiert sich in Bestform: liebevoll restauriert, harmoniert das rote Kunstleder vorzüglich mit der weißen Paspelierung.

Er hat schon ein wenig von einem Flugzeug, der KR 200. In der Mitte vor dem Steuerknüppel das Radio, auf der Nabe der stilisierte Vogel, in dem Mercedes Ähnlichkeiten mit dem Stern entdeckt haben will.

wöhnlichen Optik war der Kabinenroller sehr laut und die Vibrationen heftig. 1955 erschien der KR 200 mit 200er Motor. Die Kinderkrankheiten waren nun ausgemerzt; die anders geformten Kotflügel sowie die Panorama-Windschutzscheibe ließen den Kabinenroller gefälliger aussehen. Gleichzeitig war die vordere Spur verbreitert worden, was die Straßenlage verbesserte. Die neue Radaufhän-

Die Plexiglas-Kuppel verfügt über seitliche Schiebefenster, bei Sonnenschein fühlt man sich dennoch alsbald wie in einem Treibhaus. Fahren ohne Sonnenschutz führt unweigerlich zum Hitzekollaps.

gung verbesserte den Fahrkomfort, die bisher verwendeten Schraubenfedern unter den Sitzen, die bisher jede Fahrbahnunebenheit (und davon gab es in den 50ern viele) gnadenlos weitergereicht hatten, verschwanden.

Der KR 200 erwies sich als guter Entwurf, ein Motorjournalist bezeichnete ihn als »Düsenjäger des kleinen Mannes«. Insgesamt sei der Messerschmitt das Auto seiner Klasse, bei dem Fahrwerk und Motor »am besten aufeinander abgestimmt« sei.

Der Wagen erfreute sich nicht zuletzt deswegen einiger Beliebtheit, obwohl immer mehr Konkurrenten in der Kleinwagen-Klasse auf der Bildfläche erschienen.

Fend beschloß, alle Welt von der erstaunlichen Leistungsfähigkeit seiner Konstruktion zu überzeugen. Er präparierte einen KR 200 für die Jagd nach Geschwindigkeitsrekorden und brach im Jahr 1955 25 Landrekorde in seiner Klasse.

So erfolgreich das Werk auch bei seinen Sportwägelchen agierte, bei den normalen Kabinenrollern haperte es. Die Verarbeitungsqualität hatte sich verschlechtert, die Kunden waren unzufrieden. Damit nicht genug, Mercedes zerrte Fend vor Gericht und behauptete, das Messerschmitt-Emblem erinnere an den Mercedes-Stern und könne daher verwechselt werden...

Verwechslungsgefahr? Nun ja, jedenfalls gewann Mercedes den Prozeß, Fend kreierte ein neues Logo mit den Buchstaben »FMR« in drei Ringen. Die Fahrzeugabteilung von Messerschmitt geriet in ernste Schwierigkeiten. Abgesehen davon stellte die Bundesregierung die Weichen für eine erneute Luftfahrzeug-Produktion, und die Regensburger Flugzeugbauer waren da erste Wahl. Die Finanzspritze des Bundes hielt allerdings nicht ewig, und da der Kleinwagen-Absatz immer mehr zurückging, stellte man dem Professor ein Ultimatum. Es ging nicht länger an, daß Steuergelder, die für den Aufbau einer Flugzeugindustrie bestimmt waren, in die Sanierung eines defizitären Geschäftszweiges flossen. Der Autobau mußte deswegen abgetrennt werden, der Freistaat Bayern übernahm die Autoschmiede und strukturierte um. Messerschmitt erlaubte Fend großzügigerweise, den eingeführten Namen weiter zu benutzen.

Das überaus seltene Cabrio-Modell ist bei Enthusiasten heute sehr gesucht. Von allen Messerschmitt-Modellen zusammen – inklusive des 20 PS starken Tigers – wurden rund 25 000 Exemplare gebaut.

Vorangegangene Seite:
Ein KR 175 mit zeitgenössischem Zubehör: Lampenschirmchen, Sonnenschutzblende und verchromter Heckträger – ein Schmuckstück, für Gartenzwerge viel zu schade.

Hier eine Luxus-Variante mit aparter Zweifarb-Lackierung.

Im Januar 1964 war endlich Schluß. Insgesamt dürften etwa 66 000 Wagen entstanden sein, vom Tiger waren es aber weniger, die Angaben schwanken zwischen 320 und 950 Stück.

Bei hochgeklapptem Verdeck ist die Übersichtlichkeit natürlich stark eingeschränkt. Dafür allerdings sitzt man im Schatten...

Nächste Seite: Viele Kleinwagen-Konstruktionen verdanken der Luftfahrt-Industrie ihre Existenz, der Messerschmitt bildet da keine Ausnahme. Doch so nach Flugzeug sah kein anderer Kleinwagen aus.

TRAINING
BRITISH AIRWAYS

6

PEEL TRIDENT

Eigentlich war es unvermeidlich, daß das einzige Auto, das auf der kleinen Insel in der Irischen See gebaut wurde, nur drei Räder hatte: Schließlich hat das Wahrzeichen der Isle of Man auch nur drei Beine im Wappen. Die Firma Peel Engineering begann 1962 mit der Kleinserienfertigung eines ebenso kleinen Wägelchens, des P 50: ein schmächtiges, hochbeiniges Vehikel, das nur seinem Fahrer Platz bot. 1965 wurde die Konstruktion grundlegend überarbeitet und erhielt den Namen Peel Trident. Dieser Kleinwagen, entstanden in einer Zeit, als niemand mehr einen wollte, sah schon eher wie ein normales Kleinstautomobil aus, erinnerte sogar ein wenig an Fends Kabinenroller oder das Fuldamobil. Es gab ihn wahlweise mit einem oder zwei Sitzen.

Die Karosserie bestand aus zwei großen Formteilen, wobei der gesamte Antriebsstrang, die gesamte Mechanik am unteren Teil verblieben, während der zweite Teil mit der großen Plexiglas-Kuppel nach vorne abgeklappt werden konnte. Im Trident fand ein DKW Einzylinder-Zweitaktmotor mit 49 Kubik Verwendung, der das einzelne hintere Rad antrieb. Die Räder selbst waren winzig, maßen gerade mal fünf Zoll, knapp dreizehn Zentimeter im Durchmesser.

Ein- und Zweisitzer sahen gleich aus, kein Wunder, ist doch die Basis identisch. Tatsächlich allerdings war der Einsitzer etwas schmaler, anstelle des zweiten Sitzes hatte der Peel einen kleinen Stauraum. Beide Versionen hatten darüber hinaus noch einen (natürlich sehr begrenzten) Kofferraum im Heck, oberhalb von Motor und Rad.

Peel stellte vom Trident auch eine Exportvariante mit 125er-Motor, Fliehkraftkupplung und größerem Hinterrad her, kam damit allerdings auch nicht auf nennenswerte Stückzahlen. Insgesamt dürften, von allen Trident-Varianten zusammen, nicht mehr als 75 Exemplare entstanden sein.

Rechte Seite: Trotz der überaus geringen Dimensionen beherbergt dieses Fahrzeug noch einen Kofferraum im Heck sowie Platz für einen Beifahrer – ein Muster an Raumökonomie.

POSTAGE
AVON

Der kleine Peel ist so leicht, daß es problemlos möglich ist, das Fahrzeugheck anzuheben und den Wagen so in jede gewünschte Position zu rangieren – ideal für enge Innenstadt-Parkflächen.

Richtig putzig: die kleinen Rädchen des Trident, jedes nicht größer als ein Eßteller.

LMV 633C

Obwohl der P 50 von seinem Grundriß her mächtig viereckig daherkommt, ging auch an ihm das Zeitalter des Düsenflugzeugs nicht spurlos vorüber. Als dieses Wägelchen in Windsor fotografiert wurde, umlagerten es ständig japanische Touristen, die knipsten, was das Zeug hielt, und den Trident für ein völlig neues Stadtwagen-Konzept hielten. Sie waren hellauf begeistert...

Links: Ein großes Problem ist die Belüftung: die gibt es nämlich nicht. Die Kanzel beschlägt, der Fahrer sieht nichts beziehungsweise ist ständig am wischen.

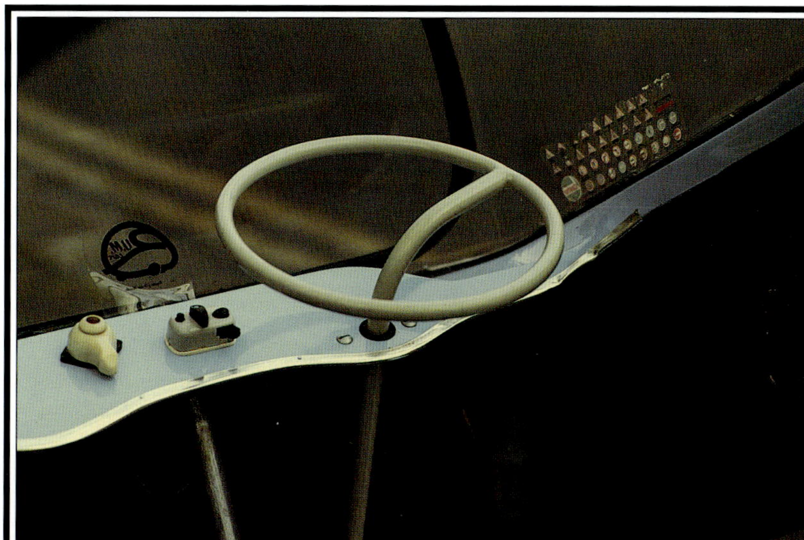

Die Bedienungselemente beschränken sich auf das Notwendigste – aber ein Lenkrad, das an einen Citroen erinnert, das gehört dazu.

7 SHELTER

Wenn die Bezeichnung »handgestrickt« je auf ein Fahrzeug zutraf, dann auf den niederländischen Shelter. Dieses Minimobil begann seine Karriere an der Universität als Forschungsprojekt von Arnold van der Groot, der nach dem Krieg beim britischen Flugzeugbauer Bristol gearbeitet hatte. Ihm schwebte dabei ein völlig neuartiges Stadtwagen-Konzept für Amsterdam (und sonstwo) vor, das im Stadtgebiet mehrere zentrale Sammelstellen vorsah. Dort konnte man so einen Wagen mieten, losfahren und, am Ziel angekommen, das Auto am nächsten Sammelpunkt wieder abgeben.

Die Arbeiten begannen 1954 und wurden erst 1956 zum Abschluß gebracht. Die niederländische Regierung zeigte sich sehr interessiert an diesem Projekt; man hoffte, an entsprechende Fördermittel heranzukommen.

Van der Groot schuf den Shelter nahezu im Alleingang, Konstruktion, Technik und Entwurf stammten von ihm. Praktisch alle Teile entstanden in Eigenregie, einschließlich des 228 Kubikzentimeter großen Einzylinder-Zweitaktmotors, der 8 PS bei 4200 Umdrehungen leistete. Marke Eigenbau war sogar die Radaufhängung, nur die Teile, bei denen es absolut nicht anders ging (wie dem Tacho), wurden zugekauft. Das Lenkrad war Handarbeit, die Karosserie bestand zumeist aus flachen, leicht zu bearbeitenden Blechteilen; wenn Rundungen erforderlich waren, wurden sie mit einer Art Wellholz erzeugt. In der Tat wirkte die ganze Karosserie so ungeschlacht, daß van der Groot beschloß, zumindest den Scheinwerfern etwas von ihrer Kantigkeit zu nehmen. Entsprechende Lampentöpfe fand man beim benachbarten Kochtopf-Hersteller.

Die Federn für den Dynastarter (eine Kombination aus Anlasser und Lichtmaschine)

Die niederländische Regierung war von der Idee eines Stadtfahrzeugs überzeugt – wie viele andere Länder und Kommunen in den Jahren darauf auch. Allerdings waren all diesen Konzepten kein Durchbruch beschieden, weder in den Niederlanden noch sonstwo.

7
B&G
5
ZP-48-91

Karg, kärger, Shelter: In einem durchschnittlichen Karussellauto hat es mehr Hebelchen und Knöpfchen als beim Shelter.

Gut durchdacht: Bei abgenommener Heckverkleidung gestaltet sich der Zugang zu Ersatzrad und Motor kinderleicht. Tatsächlich läßt sich ein Motorwechsel innerhalb von fünf Minuten durchführen.

Dieser Shelter wird zur Zeit bei Sjoerd Ter Burg im niederländischen Winterswijk restauriert: Oben die Heckpartie, unten die Front mit den elf Zentimeter messenden Töpfen (ohne Griff), die die Lampengehäuse bildeten.

kaufte er ebenfalls zu, doch das Gehäuse entstand aus Kostengründen wieder aus Bordmitteln. Reichlich handgestrickt auch die Pleuelstangen, sie entstanden aus Gas-Rohren, rmittels einer simplen Biegemaschine, wie sie Flaschner benutzen, in die gewünschte Form gebracht und anschließend verschweißt wurden. Schließlich war Herr van der Groot auch stolzer Besitzer eines ebenso großen wie soliden Schweißapparates amerikanischer Herkunft, der starke Anklänge an das Straßenkreuzer-Design der fünfziger Jahre aufwies.

Das niederländische Kleinwagenkonzept war kostengünstig in der Herstellung, wog wenig und war kinderleicht zu reparieren, ein Motorwechsel ließ sich innerhalb von fünf Minuten bewerkstelligen. Die ursprünglichen Probleme mit den Pleuelstangen konnten gelöst werden, die anderen, zum Teil sehr schwerwiegenden Unzulänglichkeiten unglücklicherweise nicht. Darf man einem technischen Versuchsbericht von damals glauben, war nach vielleicht 400 Kilometern die Hinterachse abgeschert, weil die Geometrie zwischen Hinterrad und Motor absolut nicht stimmte. Fahrbahnunebenheiten und Schlaglöcher führten wohl zu solchen Verwindungen, daß die Hinterachse kapitulierte. Dieses Manko abzustellen, hätte eine komplett neue Auslegung erfordert, was mit einem ungeheueren finanziellen Aufwand verbunden gewesen wäre. Doch damit nicht genug, der Shelter hatte noch eine andere, viel schlimmere Macke: Der Wagen hatte die höchst unangenehme Eigenschaft, plötzlich in Flammen aufzugehen.

Diese gravierenden Probleme, die im Laufe der Entwicklung nicht zu beseitigen waren, führten dazu, daß der Shelter (2,20 m lang, 1,06 m breit und 1,16 m hoch) niemals in Serie ging. Obwohl 1958 genug Teile für zwanzig Autos vorlagen, wurden doch nur sieben dieser 220 Kilogramm schweren Stadtwägelchen zusammengebaut, allesamt in den Räumlichkeiten von Arnold van der Groot.

8 VELOREX

Der tschechische Velorex wirkt auf den ersten Blick wie die Frucht einer unglücklichen Liaison eines Einmann-Zeltes mit einem Flugzeugbug. Und doch wurde diese motorisierte Mißgeburt aus Hradec Kralove achtzehn Jahre lang gebaut, von 1953 bis 1971. Im Velorex-Heck werkelte ein luftgekühlter Jawa-Zweitakter, den es in zwei verschiedenen Hubraumgrößen gab. Die kleinen Maschinen mit 125 und 250 Kubik wiesen jeweils einen Zylinder auf und wurden mittels eines auf Handbetrieb umgebauten Kickstarters zum Leben erweckt. Topmodell war der Viertelliter-Zweizylinder, ebenfalls ein Motorradtriebwerk, allerdings mit 12-Volt-Anlage und Elektrostarter veredelt. Verschiedene Komponenten stammten von Skoda. Die Velorex-Dreiräder gingen ehrfurchtgebietende 130 km/h!

Das Velorex-Grundgerüst bildete ein geschweißter Rohrrahmen, der Aufbau - von einer Karosserie kann man eigentlich kaum sprechen - bestand aus Holzpaneelen und Leder; die Kotflügel aus Metall. Der Wagen verfügte über fünf Vorwärtsgänge, auf einen konventionellen Rückwärtsgang konnte verzichtet werden. Statt dessen waren es sogar deren vier...

Man muß schon ein Exzentriker sein (und ein besonders netter dazu), wenn man sich für »Knutschkugel und Co.« begeistern will, gleich welcher Marke. Einen Velorex zu besitzen, erfordert darüber hinaus noch andere Qualitäten, zum Beispiel Mut und eine gewisse Ausdauer wenn es darum geht, den Wagen zur Arbeitsaufnahme zu bewegen. Dick Boerstoel hat beides, sein Bericht ist eine authentische Liebes- und Leidensgeschichte.

»Einen Velorex zu bewegen, das ist eine einzigartige Erfahrung. Das fängt schon bei der Optik an, die so ist wie bei keinem anderen Auto. Weniger Auto gibt es praktisch nicht. Auch wenn man schmächtig ist, also unter dem Durchschnitt, kommt man kaum hinein, das große Lenkrad und der kurze Beinraum stehen dem kräftig im Wege. Doch hat man sich erst einmal eingefädelt, eröffnen sich neue Welten. Die Konstruktion

Duinwaterb

ist, nun, geradeheraus, pure Zweckmäßigkeit, kein Hauch von Luxus - bis auf den Aschenbecher, den es durchaus gibt.

Nach zwei-, dreimaligem Betätigen des Dynastarters erwacht der Motor mit einem Aufschrei zum Leben. Die leichtgängige Kupplung treten, den ersten Gang einlegen und ab die Post. Die Beschleunigung ist phantastisch, bis zur 60 km/h-Marke ist der Velorex schneller als jeder moderne Wagen. Darüber geht natürlich nicht mehr so viel, doch genügt es, um alle anderen Verkehrsteilnehmer gebührend zu beeindrucken. Das ist einer der Punkte, der mit dem Velorex am meisten Spaß macht.

Ein Velorex reizt zum Kurvenräubern, schnelle Kurven sind eine Wucht - allerdings nur mit Passagier an Bord. Einmal düste ich ohne um die Ecken, ein Nachbar, der mich gesehen hatte meinte später, ich wäre auf zwei Rädern um die Kurven gedriftet - er hätte den Unterboden gesehen.

Es ist nur schade, daß der Velorex nicht hundertprozentig zuverlässig ist, insbesondere die Elektrik ist sehr störanfällig. Die Batterie gibt öfters den Geist auf, was einiges an Improvisationsvermögen verlangt, weil der Defekt bestimmt irgendwo in der

Dick Boerstoels Auto vor dem unglücklich verlaufenen Duell mit den unbefestigten Straßenrändern einer niederländischen Landstraße.

Mit Sicherheit kein Auto für Mauerblümchen: der Velorex zieht, wo immer er auftaucht, die Blicke auf sich. Wie übrigens jedes andere Kleinstautochen auch – nur noch mehr!

Vorangegangene Seiten: Der Rahmen des Velorex bestand aus geschweißten Stahlrohren, die dann mit Leder bespannt wurden.

Pampa passiert. Da bleibt nichts anderes übrig, als freundliche Passanten um Hilfe zu bitten. Ich für meinen Teil jedenfalls habe mit der Zeit alle Notabfahrten, Standstreifen, Parkplätze und Notrufsäulen in den Niederlanden kennengelernt. Die Straßenverhältnisse in der Tschechoslowakei sind ja nicht gerade so, daß man die Motorleistung voll ausnutzen oder sie auf Langstrecken einsetzen kann, vielleicht ist das der Grund für den ständigen Ärger.

Andererseits ist nicht immer nur der Velorex schuld. Auf einer schmalen, kurvigen Straße kam mir ein Auto entgegen, wir waren beide gezwungen, in den Straßengraben auszuweichen. Als wir aneinander vorbei waren, wollte ich die Bankette wieder verlassen – ging nicht, der Damm war zu hoch. Bei einer Geschwindigkeit von 40 km/h versuchte ich immer wieder, mit diesem einen Vorderrad aus dem Graben zu kommen, was den Wagen immer wieder hoppeln und das Hinterrad zuweilen die Haftung ver-

Bei abgenommener Leder-Karosserie ist der Blick frei auf den Jawa-Motor im Bug. Irgendwie erinnert der archaische Velorex an die Flugzeuge vergangener Tage.

Er sieht zwar nicht so aus, doch der Velorex wurde von Leuten konstruiert, die etwas von Fahrzeugen verstanden, wie Fahrleistungen und Fahrverhalten beweisen.

Die Konstruktion des Cockpits ist einfach und schmucklos, doch trotz aller Zweckmäßigkeit versprüht es einen Charme, dem man sich kaum entziehen kann.

lieren ließ. Bei einer dieser Gelegenheiten, als das Heck wieder oben war, griff das Vorderrad plötzlich wieder und kam auf die Straße - der Velorex hob ab wie ein Flugzeug. Nach einem anderthalbfachen Salto knallte der Velorex mit dem Dach nach unten auf die Straße, er war heftig demoliert...

Links und nächste Seite: So wie der Velorex aussieht, mit seiner Lederbeplankung und den dünnen Drahtspeichenrädern, erinnert er sehr stark an die Cyclecars der ersten beiden Jahrzehnte unseres Jahrhunderts.